PYRÉNÉES-ORIENTALES

EAUX MINÉRALES

DU BOULOU

ARSÉNIO-FERRUGINEUSES

Eaux *éminemment reconstituantes*, et donnant les meilleurs résultats dans les cas de maladies chroniques de poitrine et dans tous les cas de débilité organique et de chloro-anémie.

BOISSONS — BAINS — DOUCHES

PRIX AUX ENTREPÔTS : 70 c.

NOTA. — Chaque bouteille est recouverte d'une étiquette et d'une capsule spéciale comme garantie, et pour éviter toute contrefaçon.

—

DÉPOT A NICE

Chez **THAON**, entrepositaire de toutes les Eaux minérales de France et de l'étranger, quai St-Jean-Baptiste

Et à la Pharmacie française de **FOUQUE**
boulevard du Pont-Vieux

MONTPELLIER

IMPRIMERIE TYPOGRAPHIQUE DE GRAS, ÉDITEUR

M DCCC LXIX

EAUX MINÉRALES
DU BOULOU
ARSÉNIO-FERRUGINEUSES

Eaux *éminemment reconstituantes*, et donnant les meilleurs résultats dans les cas de maladies chroniques de poitrine et dans tous les cas de débilité organique et de chloro-anémie.

BOISSONS — BAINS — DOUCHES

PRIX AUX ENTREPÔTS : 70 c.

Nota. — Chaque bouteille est recouverte d'une étiquette et d'une capsule spéciale comme garantie, et pour éviter toute contrefaçon.

DÉPOT A NICE

Chez THAON, entrepositaire de toutes les Eaux minérales de France et de l'étranger, quai St-Jean-Baptiste

Et à la Pharmacie française de FOUQUE
boulevard du Pont-Vieux

MONTPELLIER
IMPRIMERIE TYPOGRAPHIQUE DE GRAS, ÉDITEUR
M DCCC LXIX

Grand Établissement Hydrominéral
DU BOULOU

A 22 KILOMÈTRES DE PERPIGNAN

DILIGENCES D'ESPAGNE ET D'AMÉLIE-LES-BAINS

Trajet en deux heures et demie

à 16 kil. d'Amélie-les-Bains ; à 28 kil. de Port-Vendres ; à 8 kil. de Pertus (frontière d'Espagne); à 30 kil. de Figueras.

Le climat exceptionnel des Pyrénées-Orientales et l'exposition de l'Etablissement permettront de recevoir des malades toute l'année. — Chambres particulières. — Salon de conversation. — Bonne table d'hôte. — Excursions faciles et agréables à Céret, Amélie, au Pertus, en Espagne. — Voiture à l'Etablissement. - Prix modérés.

Service médical

NOTA.— S'adresser, pour tous renseignements, à **M. BOUBAL**, place d'Armes, à Perpignan.

NOTICE

SUR LES

BAINS DU BOULOU

La chaîne des Pyrénées a depuis fort longtemps une réputation européenne, en raison des nombreuses sources sulfureuses qui, chaque année, y attirent une grande quantité de malades. Aussi. lorsque dans le monde on parle des Eaux des Pyrénées, l'on n'a généralement en vue que les Eaux dont la minéralisation est due au soufre et à ses composés.

Néanmoins, ces riches et belles montagnes recèlent des Eaux qui, dans leur genre, rendent au moins autant de services que les Eaux sulfureuses, si ce n'est plus ; mais pour certaines personnes, esclaves de la mode, le bout occidental de la chaîne pyrénéenne semble seul exister ; quant à l'extrémité orientale, on la tient dans l'oubli.

Et cependant cette extrémité orientale présente une nature tout aussi belle, tout aussi variée que le reste de la chaîne. Il y a plus : cette extrémité jouit d'un climat beaucoup plus doux, et ce qui le prouve, c'est la végétation presque africaine qui s'y montre dans de splendides conditions. Les hivers y sont doux, et, bien qu'au Boulou on se trouve à quelques kilomètres seulement du *Canigou*, un des géants des Pyrénées, dont la cime est couverte de neige pendant une partie de l'année, ce qui ajoute beaucoup au pittoresque de ces ravissantes contrées, cependant jamais, dans la plaine et aux environs de l'établissement du Boulou, on ne voit le thermomètre descendre aussi bas que dans le Béarn et dans le pays basque.

C'est dans cette partie des Pyrénées-Orientales, non loin de la frontière de la Catalogne, que se trouvent les Eaux minérales qui ont motivé cet opuscule.

A un kilomètre dans le sud du village du Boulou et sur la route de France en Espagne, l'on rencontre une anfractuosité située au pied du premier contre-fort de la chaîne des Albères, chaîne qui, se détachant de celle des Pyrénées, se dirige du Sud-Ouest vers le Nord-Est jusqu'à la mer et va aboutir près d'Argelès.

Dans cette anfractuosité existent plusieurs sources, dont la principale est celle connue sous la dénomination de *Fontaine de Saint-Martin-de-Fenouillar.*

S'il est en France une source minérale qui se recommande par son ancienneté, c'est bien celle de *Saint-Martin-de-Fenouillar*, car, d'après certains manuscrits existants, cette source était connue et utilisée avec grand profit pour les malades dès le VIIIe siècle.

Il existait à cette époque, à Arles-sur-Tech (à 16 kilo mètres du Boulou), un monastère de Bénédictins, ordre fondé par saint Benoît au VIe siècle, et les manuscrits font foi que, quand quelqu'un des moines se trouvait atteint de maladie chronique, le prieur l'envoyait à la Celle, établie à Saint Martin-de-Fenouillar, afin qu'il pût faire usage des Eaux de la source du même nom, existant à 500 mètres de ladite Celle, dans le ravin situé au pied de la chaîne des Albères.

Le savant professeur Ribes a dit avec juste raison[1] :
« Vous ne vous subordonnerez point aux chimistes, qui
» vous disent qu'en connaissant la composition d'une
» source vous en savez la vertu. L'*à-priori* des savants
» qui ne sont pas médecins ne peut vous servir de base
» dans la pratique. Vous n'imiterez pas non plus le pra-
» ticien qui croit n'avoir rien à apprendre des chimistes
» et qui dit : « Je guéris, cela me suffit. » Vous ferez
» cas de tous les genres de faits rationnels ou empi-
» riques. Il y a plus : vous admettrez en principe qu'il
» faudrait connaître, pour l'avoir visité, chacun des éta-
» blissements auxquels on envoie des malades. »

Et Ribes avait raison, car tout médecin instruit et
consciencieux s'appuie également sur l'analyse chimique
d'une eau minérale et sur les observations résultant de
son emploi.

En se plaçant à ce point de vue, l'on peut dire qu'il y
a déjà beaucoup de fait pour les sources des Eaux du
Boulou ; car, d'une part, elles ont été analysées à plusieurs reprises et surtout par le célèbre Anglada en 1833,
et tout récemment par le savant et si consciencieux docteur Béchamp, professeur de chimie à la Faculté de
Montpellier ; et, d'autre part, elles ont été l'objet de nombreuses applications thérapeutiques faites par un grand
nombre de médecins recommandables et, en particulier,
par feu le docteur Massot, dont le nom est si hono-
rablement connu dans le monde médical et dont la mé-
moire est encore si justement vénérée dans toute la Catalogne.

Voici ce que le savant Anglada, professeur à la Faculté de médecine de Montpellier, écrivait il y a trente

---

[1] *Traité d'hygiène thérapeutique,* page 499.

ans relativement aux Eaux du Boulou, d'après ses pro-
pres observations et d'après celles des praticiens les plus
renommés du pays[1] : « On applique avec avantage ces
» Eaux dans les cas d'inappétence, de dyspepsie, de lan-
» gueur des organes digestifs, d'engorgements viscéraux,
» dans l'aménorrhée, ou rétention des menstrues, dans
» les leucorrhées asthéniques (écoulements blancs des
» femmes par cause de débilité), dans la chlorose subor-
» donnée à l'anémie, à la débilitation. On les emploie
» utilement dans les longues convalescences, à la suite
» des fièvres intermittentes, lorsqu'elles coïncident avec
» la faiblesse et le relâchement ; dans les hydropisies,
» dans les hémorrhagies passives, dans les diarrhées
» persistantes et asthéniques, dans le scorbut lui-même ;
» dans les vomissements chroniques, dans les catarrhes
» pulmonaires tenaces, dans les catarrhes de la vessie,
» dans les obstructions viscérales, dans l'ictère, dans les
» engorgements du foie ; dans les néphrites calculeuses
» passées à l'état chronique ; dans l'hypochondrie se
» rattachant à des empâtements abdominaux, à des ob-
» structions viscérales ; dans les pollutions nocturnes ;
» en un mot, dans tous les cas où la faiblesse viendra
» s'associer à une excitabilité modérée[2]. »

Et, dans le même ouvrage, Anglada dit encore : « Je
» ne doute pas que ces Eaux n'obtiennent un juste cré-
» dit dans l'estime des médecins et d'une foule de ma-
» lades.... Sous tous les rapports, elles sont bien dignes
» de fixer leur attention. » On dirait qu'Anglada pré-
voyait ce qui est arrivé surtout depuis ces dernières
années, et la juste célébrité que devaient acquérir les
Eaux du Boulou.

[1] *Traité des Eaux minérales des Pyrénées-Orientales.*
[2] Anglada, ouvrage cité.

Depuis l'époque à laquelle Anglada écrivait ce qui précède, la chimie a fait de grands progrès, la chimie analytique surtout. Les analyses ont été faites d'une manière plus complète, parce que de nouveaux moyens d'investigation, d'analyse, ont été découverts ; des substances dont on n'avait pas jusqu'alors soupçonné la présence dans les Eaux minérales y ont été trouvées ; de ce nombre sont : l'arsenic, le cuivre, le cobalt, le nickel, etc. Des combinaisons nouvelles ont été reconnues. On pourra en juger, pour ce qui concerne les Eaux du Boulou, en comparant l'analyse faite en 1863 par M. le professeur Béchamp, avec celle d'Anglada, qui date de 1833.

Analyse de M. Anglada.

	gr.
Acide carbonique (carbonates)	2,6481
Chlore (chlorures)	0,5170
Acide sulfurique (sulfates)	traces
Acide silicique (silicates)	0,1340
Soude	1,8734
Chaux	0,4150
Magnésie	0.1037
Oxyde de fer (carbonate)	0,0239

Analyse de M. Béchamp.
(Composition pour un litre.)

	gr.
Acide carbonique libre	2,34100
Bicarbonate de soude	3,32100
Bicarbonate de potasse	0,08102
— de lythine	traces
— de baryte	0,00288
— de chaux	1,31140
— de magnésie	0,52544
— de manganèse	0,00180
— de protoxyde de fer	0,01360
Sulfate de soude	0,00403
Phosphate de soude	0,00114
À reporter	7 60331

Report	7,60331
Arséniate de soude	traces
Chlorure de sodium	0,88063
Alumine	0,00130
Acide nitrique	traces
— borique	traces
— silicique	0,07850
Oxydes de cobalt	traces
— de nickel	traces
— de cuivre	0,00015
Matière organique	traces
	8,56329

On le voit, la différence est grande entre ces deux analyses ; aussi les applications des Eaux du Boulou peuvent-elles s'étendre à un plus grand nombre d'affections chroniques qu'on ne le croyait avant l'analyse du professeur Béchamp. L'arséniate de soude contenu, bien qu'en minimes proportions, dans ces Eaux, et les sels de cuivre, de cobalt, de nickel, ouvrent une large voie aux applications thérapeutiques.

Et ce qui favorise singulièrement ces applications, c'est surtout la présence simultanée du fer et de l'arsenic. Celui qui écrit ces lignes a été le témoin de cures vraiment remarquables obtenues par l'emploi de ces Eaux, après un séjour même peu prolongé (quinze à vingt jours). Au surplus la nature va, pour ainsi dire, au-devant de l'homme dans bien des cas, et une sorte d'intuition indique aux habitants des régions riches en Eaux minérales celles qui sont douées de certaines propriétés spéciales. Ainsi, de temps immémorial et avant que la mode eût réagi sur la médication hydro-thermale comme elle l'a fait depuis une trentaine d'années, les paysans et surtout les femmes des villes et des villages situés à quelque distance de la source de Saint-Martin-de-Fenouillar (Boulou), savaient que, dans les cas de fièvres intermittentes rebelles, de suspensions maladives des règles, et dans tous les cas de débilité organique survenue par une cause quelconque, ils pouvaient trouver dans l'emploi de ces Eaux un moyen sûr et peu dispendieux de recouvrer la santé et les forces.

Il est évident, ainsi que nous le disions plus haut, que l'arséniate de soude, associé au fer contenu dans les Eaux du Boulou, agit d'une manière spéciale sur le sang, lorsque ce principe, en quelque sorte vital, de l'organisme humain, a perdu les conditions d'équilibre de ses parties constituantes. Les études et les applications qui ont été faites dans ces dernières années ne permettent pas le moindre doute sur ce point.

L'une des applications les plus heureuses et les mieux constatées des sels arsenicaux administrés à doses minimes, et dans un état de grande dilution dans l'eau, est celle qui se rapporte aux affections chroniques des organes respiratoires. D'observations faites avec un soin minutieux et pendant un grand nombre d'années il résulte, en effet, que des malades atteints d'affections tuberculeuses des poumons et arrivés au second degré de la phthisie, ont dû leur salut à la médication arsenicale. Il est hors de doute que dans des cas analogues on obtiendrait des résultats sinon meilleurs, du moins beaucoup plus prompts, et plus tôt décisifs par conséquent, par l'usage des Eaux minérales dans la composition desquelles entrent, outre les sels d'arsenic et de fer, ces deux reconstituants essentiels, un certain nombre d'autres substances minérales qui ne peuvent être que de très-utiles adjuvants du traitement.

Un des plus grands avantages que présentent les Eaux du Boulou, dans les cas qui réclament la médication arsénio-ferrugineuse, c'est de soustraire les malades à des doses parfois exagérées de ces substances si actives, qu'emploient certains praticiens. Pour un petit nombre de médecins qui ont étudié la médication arsenicale, il est devenu évident que ce n'est qu'en agissant sur l'organisme avec des doses pour ainsi dire infinitésimales, que l'on obtient de bons résultats. Mais la plupart des médecins n'ont point eu d'assez fréquentes occasions d'employer ce médicament pour bien se rendre compte de la vérité de cette assertion, et c'est pour cela, nous le répétons, qu'il y a tout avantage pour les malades, surtout dans les cas d'anémie et d'affections tuberculeuses, à faire usage des Eaux du Boulou, soit à la source même, soit après un séjour de vingt à vingt-cinq jours à la source, en s'en faisant envoyer (car elles supportent parfaitement le transport). En en prenant de un à trois verres par jour, ce qui est la dose la plus habituelle, dose qui, sans doute, devra être modifiée en raison de l'âge et de l'état maladif, on ne court jamais risque d'introduire dans l'organisme des quantités de fer et d'arsenic capables de nuire à la médication, comme cela arrive parfois lorsque le traitement est dirigé par des médecins peu au courant de la médication arsenicale, et qui, habitués pour les autres médicaments à prescrire des doses en général assez fortes, ne peuvent se faire à l'idée qu'un millième de grain d'arsenic et même une fraction de millième puisse produire quelque effet.

Il est une classe d'individus qui, sans être malades et tout en étant dans un état desanté presque normal, auraient cependant besoin de recourir, de temps à autre, à la médication arsénio-ferrugineuse : ce sont les personnes de l'un et de l'autre sexe qui ont dépassé l'âge de soixante ans. Bien des vieillards meurent plus tôt qu'ils ne devraient mourir parce que, se sentant bien portants,

ils ne font rien pour prolonger cet état, toujours pré-
caire à cet âge. Et cependant ne voit-on pas tous les
jours des personnes de l'âge dont nous parlons être su-
bitement emportées par l'apoplexie? D'où vient pour la
plupart cette terminaison inopinée de la vie? D'un dé-
faut d'équilibre dans les proportions normales du sang.
L'on ne se rend pas assez compte qu'arrivé à l'âge de
cinquante ans l'être humain décroît, pour ainsi dire,
qu'il perd chaque jour. L'enfant, à mesure qu'il avance
dans la vie, s'accroît et se fortifie en assimilant les pro
duits composant sa nourriture ; mais chez le vieillard la
puissance d'assimilation diminue peu à peu, et, comme
la perte des forces a lieu d'une manière insensible, on
s'en aperçoit fort peu. Mais chaque jour le sang perd
une partie de ses propriétés vitales ; l'équilibre de ses
éléments constituants se détruit petit à petit ; puis survient la catastrophe.

Le plus grand nombre des apoplexies, chez les personnes âgées, sont de celles que l'on qualifie de *séreuses*.
Dans ces apoplexies, en effet, le *sérum* du sang — la partie aqueuse — s'augmente aux dépens de la partie vitale
par excellence (les globules rouges), et l'on meurt par
suite d'une véritable anémie. D'autres fois, c'est la partie
fibrineuse du sang qui prédomine, toujours aux dépens
des globules, et il en résulte une apoplexie par *embolie,*
c'est-à-dire qu'à un moment donné la fibrine du sang,
étant en excès, forme des espèces de caillots cylin-
driques qui obstruent les vaisseaux ; la circulation est
entravée, s'arrête, et la mort survient.

Si les personnes des deux sexes qui ont dépassé la
soixantaine avaient la précaution d'user d'un régime
fortifiant et de prendre chaque année, pendant un mois,
des Eaux reconstituantes, c'est-à-dire contenant, entre

autrès principes minéralisateurs, de l'arsenic et du fer, l'apoplexie diminuerait de fréquence.

Nous avons dit : un *régime fortifiant*, parce qu'il est d'observation qu'en général les personnes âgées, les femmes surtout, n'apportent pas, dans le choix de leur nourriture, tout le soin désirable. L'on ne tient pas compte de la diminution d'appétit qui généralement a lieu chez les vieillards ; il faudrait donc compenser la diminution en quantité par l'augmentation en qualité. Beaucoup aussi s'abstiennent de vin, de café, tandis qu'au contraire c'est à cet âge que le bon vin doit former une partie de l'alimentation. C'est à cet âge aussi qu'il faut user de quelques stimulants et que l'on ne doit pas craindre l'usage des mets convenablement épicés, car l'estomac participe, ainsi que tout le tube digestif, à l'espèce d'atonie qui envahit peu à peu tout l'organisme.

Il est entendu que ces conseils ne sauraient s'appliquer aux personnes âgées atteintes de maladies chroniques du cœur ou des organes urinaires, ou encore aux vieillards goutteux.

Quant à ceux dont l'organisme est intact, mais seulement usé et débilité par l'âge, nous ne pouvons que les engager à faire, de temps à autre, usage des Eaux arsenico-ferrugineuses du Boulou.

Les enfants dont le développement physique est lent ; les jeunes filles qui, par débilité constitutive, ne peuvent se former, en retireront aussi d'excellents effets, et en général toutes les personnes qui passent, pour motifs de santé, les hivers à Nice, trouveront, dans un mois passé aux Eaux du Boulou à l'époque du printemps, une sorte de complément de leur séjour d'hiver dans les régions méridionales.

Montpellier imprimerie Gras.

www.ingramcontent.com/pod-product-compliance
Lightning Source LLC
Chambersburg PA
CBHW050424210326
41520CB00020B/6735